Mojgan Mirzaei

Poluição de fontes pontuais e não pontuais em águas de superfície

Mojgan Mirzaei

Poluição de fontes pontuais e não pontuais em águas de superfície

ScienciaScripts

Imprint

Any brand names and product names mentioned in this book are subject to trademark, brand or patent protection and are trademarks or registered trademarks of their respective holders. The use of brand names, product names, common names, trade names, product descriptions etc. even without a particular marking in this work is in no way to be construed to mean that such names may be regarded as unrestricted in respect of trademark and brand protection legislation and could thus be used by anyone.

Cover image: www.ingimage.com

This book is a translation from the original published under ISBN 978-620-2-00906-5.

Publisher:
Sciencia Scripts
is a trademark of
Dodo Books Indian Ocean Ltd. and OmniScriptum S.R.L publishing group

120 High Road, East Finchley, London, N2 9ED, United Kingdom
Str. Armeneasca 28/1, office 1, Chisinau MD-2012, Republic of Moldova, Europe
Printed at: see last page
ISBN: 978-620-7-72087-3

ÍNDICE DE CONTEÚDOS

Preâmbulo por Mojgan Mirzaei

O Zayandehrud é o coração da cidade de Isfahan, no centro do Irão. Este rio nasce em várias nascentes das montanhas Zagros, atravessa centenas de aldeias e cidades e termina no pântano de Gavkhuni. Este rio é uma artéria vital no planalto central iraniano, sendo utilizado para fins agrícolas, industriais e recreativos. Infelizmente, o rio tem recebido águas residuais e efluentes das aldeias, de uma série de pequenas e grandes indústrias e de sistemas de drenagem de irrigação. A integridade do ecossistema de Zayandehrud conduziu à biodiversidade e ao aparecimento de numerosas sociedades humanas, o que é fundamental para a sustentabilidade do ambiente e da atividade humana na margem do rio. Nos últimos anos, este rio tem-se confrontado com uma seca. Se a situação de seca se mantiver neste rio, a lagoa de Gavkhoni, que se encontra a jusante, também secará e, num futuro próximo, fará com que as poeiras e os sais venham desta lagoa para as explorações agrícolas do leste de Isfahan e mesmo para a cidade de Isfahan. As duas principais fontes de água, a agricultura e a indústria, para além do elevado consumo de água, afectam a qualidade da água nesta zona. Por conseguinte, é essencial ter a gestão necessária nesta área para evitar a entrada de contaminantes na água. De facto, se não houver uma solução para este problema, é impossível geri-lo até ao ano 1400. Nesta brochura, são apresentadas as fontes de poluição pontuais e não pontuais na bacia de Zayandehrud.

Espera-se que a alegria e o regozijo regressem a Isfahan com a proteção deste rio.

1. Introdução

1.1. Qualidade da água

A água é um dos recursos mais preciosos e a sua quantidade e qualidade são essenciais para o desenvolvimento sustentável (Vorosmarty et al. 2005). A qualidade dos recursos hídricos sofre alterações físicas, químicas e biológicas em resultado de factores naturais e humanos em qualquer área. Dada a limitação dos recursos hídricos, é essencial prevenir a poluição da água devido às actividades humanas (Noshadi et al., 2007). Atualmente, a maior parte da poluição mundial é causada pela utilização inadequada dos recursos hídricos (Ying, 2007). A qualidade da água é fundamental para a saúde dos rios e sustenta os processos ecológicos que suportam as populações nativas de peixes, vegetação, zonas húmidas e aves. A melhoria das fontes de água é essencial para a proteção do ambiente e para o desenvolvimento económico, político, social e cultural de um país (Morovatdoost et al., 2014).

Os rios são muito importantes devido ao seu papel vital no abastecimento de água às zonas urbanas e rurais (Kashefipour e Tavakolizadeh, 2008). Os rios têm sido locais de concentração humana desde os primórdios da história. As cidades, centros agrícolas e industriais, estão normalmente perto dos rios para utilizar os seus recursos hídricos. Ao longo do tempo e com o desenvolvimento destas comunidades e consequente aumento da utilização dos recursos hídricos, a manipulação e as alterações anormais da qualidade da água dos rios têm vindo a aumentar (Enrique et al. 2007). As massas de água superficiais são os receptores mais importantes dos poluentes presentes no escoamento superficial (chin, 2006). Nas últimas décadas, o aumento da população, a industrialização e a produção de uma variedade de poluentes em áreas urbanas, industriais e agrícolas têm aumentado a poluição dos rios (Zare Garizi et al., 2012). Além disso, como os rios afectam diretamente a saúde pública (na água potável) e a vida aquática (através da água bruta), a qualidade da água dos rios é muito importante (Rasi Nezami et al., 2012). Os recursos hídricos e a sua ecologia têm estado sob pressão no Irão, devido às condições climáticas, bem como à sua utilização excessiva em muitas regiões do país.

A utilização dos solos é um dos factores mais importantes que afectam a qualidade e a quantidade das águas superficiais e alteram a hidrologia local e regional, especialmente nos rios. Com o aumento do crescimento populacional, o aumento da residência nas cidades e o estabelecimento de unidades industriais, os padrões de utilização dos solos alteram-se, pelo que o escoamento superficial das chuvas e as descargas de águas residuais urbanas estão a conduzir a um aumento da quantidade de nutrientes e outros poluentes libertados nos rios e nos recursos hídricos de superfície (Hara et al. 2004). A intervenção humana em diferentes usos do solo conduz a alterações físicas, químicas e biológicas nos rios e nos recursos hídricos adjacentes. Estas alterações são geralmente negativas e a utilização dos recursos hídricos é severamente restringida (He et al. 2008).

Nesta investigação, os objectivos são:

- identificação das fontes de poluição pontuais e não pontuais na bacia hidrográfica de Zayandehrud
- modelização da poluição de fontes não pontuais causada pela alteração da utilização dos solos e utilização do L-THIA para avaliar os efeitos da alteração da utilização dos solos nos recursos hídricos de superfície.

2. Área de estudo

O estudo foi realizado na bacia de Zayandehrud (latitude 31° 12' N, longitude 50° 02' E) no Irão. Esta bacia contém sete sub-bacias e vinte unidades hidrológicas. Nesta bacia, existem terrenos agrícolas e planícies férteis que são irrigados pelo rio Zayandehrud através de barragens de desvio e de sistemas de irrigação tradicionais e modernos. A bacia hidrográfica está situada na zona seca. A bacia hidrográfica de Zayandehrud estende-se por uma área total de 41 500 km2 e o rio Zayandehrud corre nesta bacia hidrográfica com um comprimento de cerca de 350 km de oeste para leste. Este rio é um dos mais importantes rios do planalto iraniano e do centro do Irão, que nasce nas montanhas Zagros, a oeste da província de Isfahan, e termina na zona húmida de Gavkhuni. A zona húmida de Gavkhuni é um ecossistema único que serve de habitat a mais de 140 espécies de aves e a numerosas outras espécies de flora e fauna. Além disso, esta zona é um habitat adequado para chitas, zebras, veados e ovelhas. A vegetação desta zona é maioritariamente constituída por plantas halófitas e herbáceas. Além disso, este ecossistema tem um papel eficaz no refinamento da água e na estabilização das dunas de areia situadas em redor da zona húmida. O rio Zayandehrud é um rio histórico, grande e espetacular do Irão que tem enfrentado uma seca nos últimos anos. Grande parte desta bacia hidrográfica tem um clima árido e semi-árido. O rio contribui para o desenvolvimento da agricultura, o abastecimento de água às indústrias e as actividades económicas. O Zayandehrud é tão importante que, com a sua secagem, não só todas as actividades económicas e sociais dos residentes de Isfahan são transformadas, mas também as suas consequências psicológicas, ambientais e mesmo políticas têm um efeito profundo a nível regional e nacional (Khatoon abadi, 2007). Este rio é a principal fonte de abastecimento de água para a agricultura na bacia do Zayandeh-Rud. A água dos campos agrícolas, as águas residuais industriais e a poluição urbana são fontes de poluentes no rio. A água proveniente destes consumidores é, na sua maioria, derramada diretamente no rio e apenas um número muito reduzido de instalações industriais dispõe de instalações de tratamento de águas residuais. A vida da província de Isfahan depende deste rio. Por conseguinte, a preservação da qualidade e da quantidade deste rio reveste-se de grande importância. A este respeito, o primeiro passo para a adoção de métodos adequados e sustentáveis de gestão dos recursos hídricos do Zayandeh Rood consiste em obter um conhecimento contínuo do estado quantitativo e qualitativo da água, das suas alterações temporais e espaciais e, finalmente, em identificar as principais fontes e tipos de contaminantes da água do rio (Ababaei e Sohrabi, 2009). O crescimento da população e a atividade das grandes indústrias aumentaram a procura e a concorrência na bacia hidrográfica do rio Zayandeh e, neste contexto, o sector agrícola é mais afetado. Assim, a escassez de água não só causa problemas para as grandes áreas de irrigação, como também conduziu à salinização dos solos nas terras baixas da bacia e reduz a qualidade da água que regressa ao rio. Além disso, as águas residuais urbanas e industriais causaram a poluição do rio nas zonas baixas da cidade de Isfahan (Salemi e Morayrast, 2004). A bacia do Zayandehrud e os seus rios principais e secundários são apresentados na Fig. 1. Além disso, a situação deste rio no passado e no presente é mostrada na figura 2.

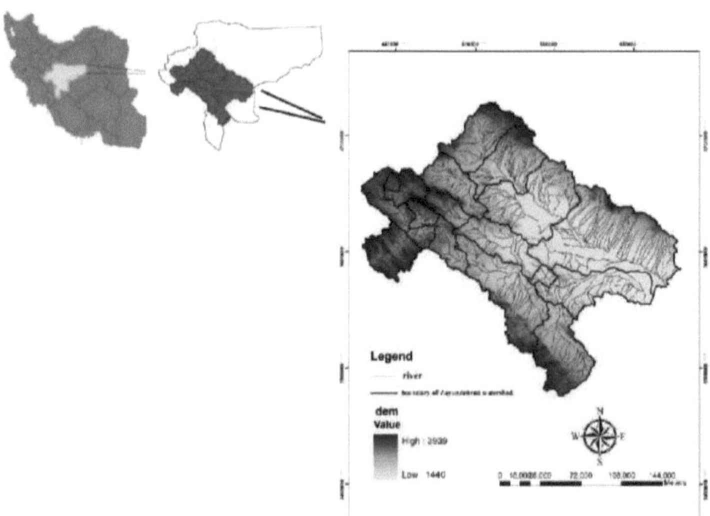

Fig. 1 Bacia do Zayandehrud com os rios principais e secundários

a

b

Fig. 2 A situação do rio Zayandehrud no passado (a) e no presente (b)

2.1. Clima

A bacia de Zayandehrud está situada num deserto árido e semi-árido. A precipitação média é de 120 mm por ano, mas esta precipitação ocorre no inverno e não há precipitação efectiva no verão. A temperatura máxima é de 32°C em julho e a temperatura mínima média é de 3°C em janeiro.

2.2 Fontes de poluição das águas superficiais

As fontes de poluição podem ser divididas em duas categorias: fontes pontuais e fontes não pontuais. Estas diferem apenas no local de origem e na sua fonte de produção. A poluição não pontual é definida como contaminantes superficiais e subterrâneos do solo, do ar, das águas superficiais e subterrâneas na natureza que não podem ser rastreados até à sua localização central (Loague e Corwin, 2005). A poluição das terras agrícolas ou das águas superficiais das cidades é uma poluição não pontual. A poluição da água causada por fertilizantes agrícolas contendo azoto e fósforo e uma vez que este tipo de poluição está associado ao ciclo da água, o cálculo e o controlo desta poluição é muito difícil (Guo et al., 2014). A estimativa da poluição de fontes não pontuais é difícil devido ao processo complexo de hidrologia, meteorologia e bioquímica, bem como às variáveis espaciais envolvidas neste processo (Ficklin et al., 2010; Luo et al., 2008; Nikolaidis et al., 1998). Se os poluentes são derramados nas massas de água a partir de um ponto específico e detectado, trata-se de poluição de fonte pontual. Por exemplo, os efluentes das estações de tratamento de águas residuais ou as águas residuais das indústrias são fontes pontuais de poluição. A poluição da água pode ser causada tanto por fontes pontuais como por fontes não pontuais. As fontes de poluição pontuais e não pontuais são cada vez mais preocupantes a nível nacional e regional e mesmo a nível mundial (Naghdi e Alipoorardi, 2012). O controlo e a gestão da poluição não pontual são muito mais difíceis do que a poluição pontual, mas para a proteção dos recursos hídricos, ambos devem ser controlados e geridos (Parmorad e Ghaderi, 2014).

3. Poluição de origem pontual ao longo do rio Zayandehrud

As áreas industriais são a fonte de poluição pontual mais importante na bacia de Zayanderud. Importantes indústrias de aço, petróleo e cimento instalaram-se ao longo do rio (Mohajeri et al., 2015). A lista de indústrias que utilizam a água do rio Zayanderood é apresentada na Tabela 1:

Quadro 1: Lista das indústrias consumidoras de água no rio Zayandehrood

Factory name	location	products	Volume (m3/year)
Esfahan Steel Company (Zob ahan)	45 km of Isfahan-Shahrekord highway	Iron, Wire, Solid Cast Iron, Tar, Toluene, Ammonium Sulphate, Coke, Slag, Industrial Slime, Lime, Oxygen and Nitrogen	31536000
Mobarakesh Steel Company	70 km southwest of Isfahan	Steel sheets, Galvanized sheet and plated tin, coil, colored sheet, liming and pelletizing	40000000
Islamabad Power Plant	2 km of Isfahan-Zob ahan highway	Thermal power plant	6000000
Refinery	5 km of Isfahan-Tehran highway	Crude oil and petroleum products, refined crude oil, oil, gasoline, jet fuel, solvents, etc.	10000000
DMT	45 km of Isfahan-Mobarakeh Road, next to Polyacryl Company	Synthetic fiber raw material production, dimethyl terephthalate	1753400
Polyacryl	45 km of Isfahan-	Acrylic, Polyester, and Polymer	3153600

	Mobarakeh Road		
Sepahan Cement Company	24 km of Isfahan-Shahrekord road	Production of Portland cement 1, 2 and 5 and Anti-sulfate cement	1000000
Defense Industry Complex	7 km of south of Zarinshahr	Military products, Mine flint materials, floatation and offshore structures, manufacturing automotive and automotive parts and industrial parts	9400000
Cement of Isfahan	Southwest of Isfahan, located in Abrisham Town	Portland cement	1430784
The sugar factory of Naghshejahan	37 km of Isfahan-Mobarakeh Road	Broken Sugar, White, Normal, Brown Sugar, Organic Sugar and Candy	100000
Paper industry	Unit One: Khomeinishahr-Asgharabad Unit 2: Road of Isfahan-Najaf Abad-Golshahr Unit Three: Road of Isfahan-Najaf Abad-Golestan Railway	Cardboard pipes and cardboard boxes and food pipes	17884
Mobarakeh Industrial complex	32 km south of Isfahan city, on the road of Isfahan-Shiraz-Mobarakeh	It has 363 different industrial units.	357696
Atlas print	Located on the road of Najaf Abad-Golshahr	Dyeing yarn and wool and textiles	52876

Isfahan Machine Company	7 km of Zobahan-Isfahan Highway	Manufacturer of machinery, spare parts and diesel generator	47693
Zohreh Company	7 km of Isfahan-Tehran road	Blanket yarn and blankets	119232
Rasoul Company	8 km of Imam Khomeini Street in Isfahan	Maintenance of heavy and semi heavy machinery	71529
Aydin Baft Company	90 km of Najafabad-Dehagh road	Coloring of fibers, fabrics and clothes	47688
Behrangan Company	Isfahan-Industrial Area of Rahim Abad Jarghouyeh	Manufacture of all types of carpets and coloring	47688

As fábricas mais importantes que contaminam a água ao longo do rio Zayandehrud são a Esfahan Steel Company (Zob ahan), a Mobarakesh Steel Company e a Polyacril Company. Estas empresas são apresentadas na figura 3.

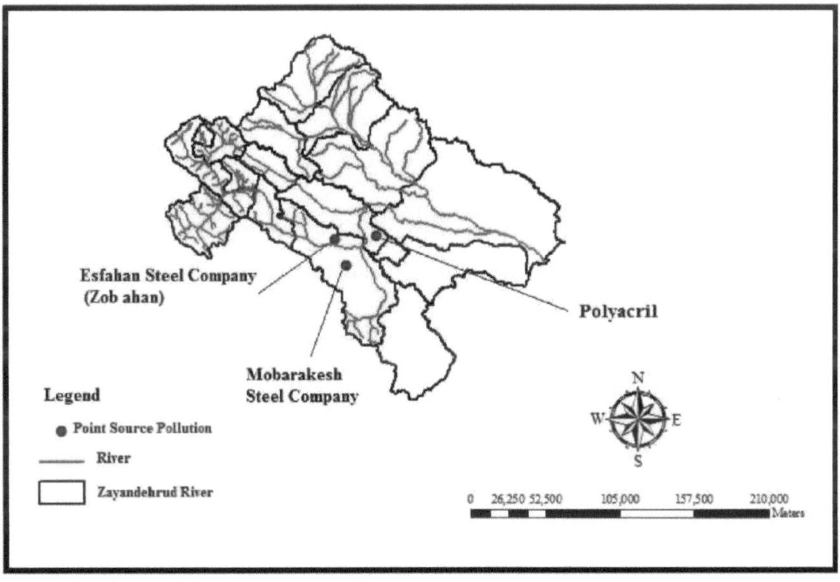

Fig. 3 Bacia de Zayandehrud com poluição de fonte pontual

4. Poluição de fontes não pontuais na bacia hidrográfica de Zayandehrud

O escoamento pluvial das zonas urbanas sob a forma de águas pluviais é uma das principais fontes de poluição não pontual com impacto na qualidade da água na bacia de Zayandehrud. O escoamento urbano inclui óleo, gordura e produtos químicos tóxicos, pelo que existem muitos elementos poluentes neste escoamento. Além disso, as zonas agrícolas são importantes na poluição da água. As fontes de poluição não pontuais incluem pesticidas, adubos, estrume animal e solo arrastados para os cursos de água no escoamento da chuva. O aumento da taxa de transformação dos ecossistemas naturais em ecossistemas agrícolas está a causar danos ao ambiente e esta utilização dos solos desempenha um papel importante na criação desta poluição. O aumento das actividades agrícolas associado às emissões é um dos problemas mais graves que a humanidade enfrenta na era atual. O azoto (N) e o fósforo (P) são os elementos mais importantes dos fertilizantes agrícolas (Carpenter et al., 1998). Por conseguinte, o N e o P são parâmetros importantes da qualidade da água (Mattikalli e Richards, 1996).

Um dos factores mais importantes na produção de poluição de origem não pontual é a alteração da utilização dos solos. A conversão de pastagens e massas de água em zonas agrícolas e residenciais é a causa do aumento do escoamento superficial e do aumento da poluição de origem não pontual.

4.1. Alteração do uso do solo

A alteração do uso do solo tem ramificações ecológicas e socioeconómicas na diminuição da qualidade da água em bacias hidrográficas ou rios (Riki, 2000). O conhecimento da utilização e ocupação do solo para muitas das actividades de planeamento é importante como elemento essencial dos sistemas naturais (Lillesand e Ralph 2000). As alterações do uso do solo são um dos problemas mais importantes do mundo. A alteração dos padrões de utilização do solo ocorre principalmente devido aos benefícios socioeconómicos. No entanto, este processo tem efeitos negativos no ambiente. A alteração das condições hidrológicas, a redução dos recursos hídricos e da sua qualidade são efeitos importantes resultantes da alteração da utilização dos solos (Bhadori et al. 2000; Tang et al. 2005a; Li et al. 2007; Galdavi et al. 2012). A alteração do uso do solo é um exemplo fundamental do impacto dos seres humanos no ambiente (Khakpour et al.

2007; Oluseyi 2006). A água é um dos recursos nacionais mais preciosos. Dado que a água é um recurso renovável e que muitos benefícios económicos e sociais derivam da sua utilização correcta, a utilização adequada do solo é muito importante. O crescimento da população, associado à falta de planeamento da produtividade da terra, é uma causa que leva à conversão de florestas e pastagens em terras agrícolas. Como resultado, menos água do rio a montante penetra na terra e, portanto, flui mais rapidamente por terra. Desta forma, as inundações tornam-se mais frequentes, mais graves e mais repentinas e a maioria das pessoas sofre de inundações graves (Barkhordari e Khosroshahi 2007). O conceito geral de utilização da terra refere-se à utilização da terra na situação atual, que inclui todas as utilizações da terra em vários sectores da agricultura, dos recursos naturais e da indústria.

Por outras palavras, estas incluem actividades agrícolas (alimentadas pela chuva e irrigadas), áreas residenciais, florestas, pastagens e instalações mineiras e industriais (Ahmadi 1995). A utilização/cobertura do solo é uma das variáveis eficazes na qualidade das águas de superfície (Mirzaei 2013). A conversão de terras agrícolas, florestas, pastagens e zonas húmidas em zonas urbanas, com um aumento rápido e generalizado das superfícies impermeáveis, pode alterar as condições hidrológicas naturais na bacia hidrográfica.

Como resultado desta alteração, verifica-se um aumento do volume e da quantidade de escoamento superficial, juntamente com a redução do armazenamento de água no subsolo, do caudal de base e da degradação da qualidade da água nos rios e nas águas pouco profundas (Engle et al. 2003; Li et al. 2007 e Lin et al. 2007), o que acaba por conduzir a um número cada vez maior de inundações locais, à redução dos recursos hídricos nas zonas urbanas e rurais e à redução do caudal de base nos canais de água durante a estação seca.

À escala global, estão a ocorrer grandes alterações na utilização e ocupação do solo. Estas alterações incluem a desflorestação, o aumento das actividades agrícolas, a drenagem de zonas húmidas, a construção de estradas e a urbanização e terão muitos efeitos, incluindo efeitos hidrológicos. Os efeitos hidrológicos são visíveis nos caudais sazonais e anuais, nas inundações, na qualidade da água e na erosão (Weng 2001). Além disso, a conversão de pastagens e florestas em terras agrícolas levou à alteração do regime de rega nestas áreas (Khalighi et al. 2005). Nas escalas global, regional e local, foram criados efeitos importantes das actividades humanas no sistema hidrológico devido à alteração do uso do solo. Se este tipo de alterações importantes ocorrer no equilíbrio hidrológico de uma bacia hidrográfica ou de partes sensíveis de uma bacia hidrográfica, estas podem ter efeitos a curto e a longo prazo, incluindo um aumento das inundações a jusante e a redução da profundidade a longo prazo e da disponibilidade de água subterrânea. Os baixos níveis de água podem alterar os sistemas de zonas húmidas e criar sistemas periódicos de secagem durante o período de seca (Bhadori et al. 2000). Nos aquíferos, a conversão de terrenos não urbanos em terrenos urbanos leva a um aumento das superfícies impermeáveis e do escoamento superficial (Shi et al. 2007). Por outro lado, os sistemas de drenagem urbana aumentam o pico das cheias e causam danos à qualidade da água. As zonas urbanas são também importantes fontes de poluição não pontual. As inundações das zonas urbanas absorvem uma variedade de contaminantes, tais como nutrientes, sedimentos, óleos, gorduras, metais pesados, pesticidas e agentes patogénicos que causam a degradação da qualidade da água (Tang et al. 2005b). A alteração do uso do solo, para além do impacto no clima e no solo regionais, também afecta a qualidade das águas superficiais e o ciclo da água (Liang et al. 2004). A gestão óptima dos recursos naturais numa região exige uma compreensão do impacto das alterações da utilização/cobertura do solo no ciclo hidrológico dessa região (Scanlon et al. 2005). As alterações do uso da terra, a sobre-exploração do solo e a utilização constante dos recursos hídricos superficiais têm efeitos negativos significativos no ambiente (Vito et al. 2003).

5. Método

5.1. Modelação da poluição de fontes não pontuais

5.2. Modelo L-THIA

Os modelos hidrológicos podem ser utilizados para avaliar os efeitos da alteração do uso do solo na qualidade e quantidade da água (Lim et al. 2001). Os modelos hidrológicos não são adequados para esta avaliação devido à sua complexidade e aos dados necessários. A avaliação inicial dos efeitos hidrológicos da alteração do uso do solo requer um modelo simples que possa fornecer uma avaliação inicial dos efeitos absolutos e relativos na bacia hidrográfica com os dados de entrada disponíveis e identificar os requisitos de utilização de modelos mais avançados (Bhadori et al. 2000). O modelo de Avaliação do Impacto Hidrológico a Longo Prazo é uma ferramenta útil para modelar a poluição não pontual e avaliar os potenciais impactos da alteração do uso do solo no escoamento superficial e na poluição da água (Salman mahiny et al. 2012). O modelo L-THIA foi desenvolvido como uma ferramenta de análise fácil e intuitiva pela Universidade de Purdue (Ma 2004).

Este modelo tem muitas vantagens em relação a outros modelos. O L-THIA é um modelo simples que está ligado ao SIG e estima o escoamento superficial direto a partir dos dados de entrada. Este modelo necessita de menos dados em comparação com outros modelos e é mais fácil de aplicar. É possível utilizar este modelo em diferentes países com diferentes padrões climáticos e topografia. Os dados de entrada necessários para este modelo são mapas de uso do solo, mapas de solos (grupos hidrológicos de solos), ficheiro de texto para a precipitação dos últimos trinta anos e um ficheiro de texto da tabela CN. O modelo L-THIA calcula a poluição não pontual com base no volume de escoamento superficial e na EMC (concentração média do evento). A concentração média do evento (EMC) é um parâmetro analítico fundamental, que se refere a uma concentração média ponderada pelo caudal em todo o processo de um evento de precipitação-escoamento, definida como a massa total da carga poluente dividida pelo volume total do escoamento (Bertrand, 1998), e pode ser utilizada para avaliar os efeitos do escoamento da precipitação na qualidade da água das águas receptoras. A utilização da equação CN no modelo L-THIA é uma alternativa simples aos modelos hidrológicos complexos que necessitam de muitos dados e que muitas vezes não estão disponíveis na maioria das áreas. O modelo L-THIA utiliza dados que estão facilmente disponíveis e fornece uma estimativa global dos efeitos hidrológicos a longo prazo através da alteração do uso do solo. Este modelo estima o escoamento superficial diário para diferentes valores de CN utilizando dados diários de precipitação e o valor de CN. Em seguida, os valores diários são somados e o escoamento anual é fornecido, sendo considerado como o resultado do modelo. O L-THIA não aplica qualquer calibração dos dados do modelo com dados reais da zona. No modelo L-THIA, são preparados valores por defeito CN para os usos do solo e os grupos hidrológicos do solo. Além disso, existe uma gama de valores para cada utilização do solo e composição dos grupos hidrológicos do solo que depende das condições de humidade do solo, dos tipos de ocupação do solo e da gestão do solo (Galdavi et al. 2012). Para preparar os mapas de uso do solo, foram utilizadas imagens de satélite dos dois períodos de tempo. Estas imagens incluíram imagens Landsat TM e ETM+ dos anos de 1997 e 2015.

6. Preparação dos dados necessários

6.1. Elaboração de mapas de utilização dos solos

As fontes de dados primárias para a classificação da ocupação do solo foram o Landsat Thematic Mapper (TM) para os anos de 1972 e 2002 e o Landsat Enhanced Thematic Mapper Plus (ETM+) para o ano de 2015. O geo-registo das imagens foi efectuado utilizando o mapa vetorial de estradas e fotografias aéreas. O procedimento de reamostragem foi efectuado utilizando a interpolação do vizinho mais próximo. A correção espetral das imagens foi realizada para criar um fenómeno distinto e imagens de alta qualidade e para eliminar os efeitos adversos da luz e da atmosfera. De seguida, através da correlação entre bandas, foi criada a composição falsa-cor Bandas 4, 3, 2 (NIR, vermelho, verde) para os anos de 1972 e 2010 e efectuada a classificação supervisionada pelo método da máxima verosimilhança.

Este modelo considera oito classes de usos do solo, incluindo terrenos residenciais de alta e baixa densidade, áreas agrícolas, campos ou pastagens, florestas, uso comercial do solo, zonas aquáticas e áreas industriais. Para executar o modelo, o mapa de uso do solo da área de estudo foi reclassificado. Além disso, se algumas das classes forem diferentes das classes do modelo L-THIA, devem ser colocadas numa categoria que mais se assemelhe às características do escoamento superficial. Por exemplo, a classe de terra nua está ausente no modelo L-THIA, pelo que foi colocada numa área residencial de alta densidade como estas. Dois usos do solo são algo semelhantes em termos de produção de escoamento superficial (Galdavi et al. 2012). Desta forma, os mapas de uso do solo dos anos 1997, 2002 e 2015 foram reclassificados para executar o modelo. Em seguida, para qualquer classe de uso do solo, foram atribuídos códigos de 1000 a 7000 utilizando o módulo de classificação do uso do solo no programa L-THIA GIS / NPS e os mapas de uso do solo foram então convertidos em camadas raster para executar o modelo. A Tabela 2 mostra a classificação dos mapas de uso do solo com base nas classes do modelo L - THIA. As Figuras 4 e 5 mostram mapas de uso do solo para os anos de 1997 e 2015.

Tabela 2: Classificação dos mapas de uso do solo com base nas classes do modelo na área de estudo

Code of land use classes	Land use classification based on L-THIA model	Land-use classes
7000	forest	forest
6000	Pasture/grassland	pasture
3000	agriculture	agriculture
4000	High density residential areas	Bare land
1000	water	water
4000	High density residential areas	city
6000	Pasture/grassland	Green space

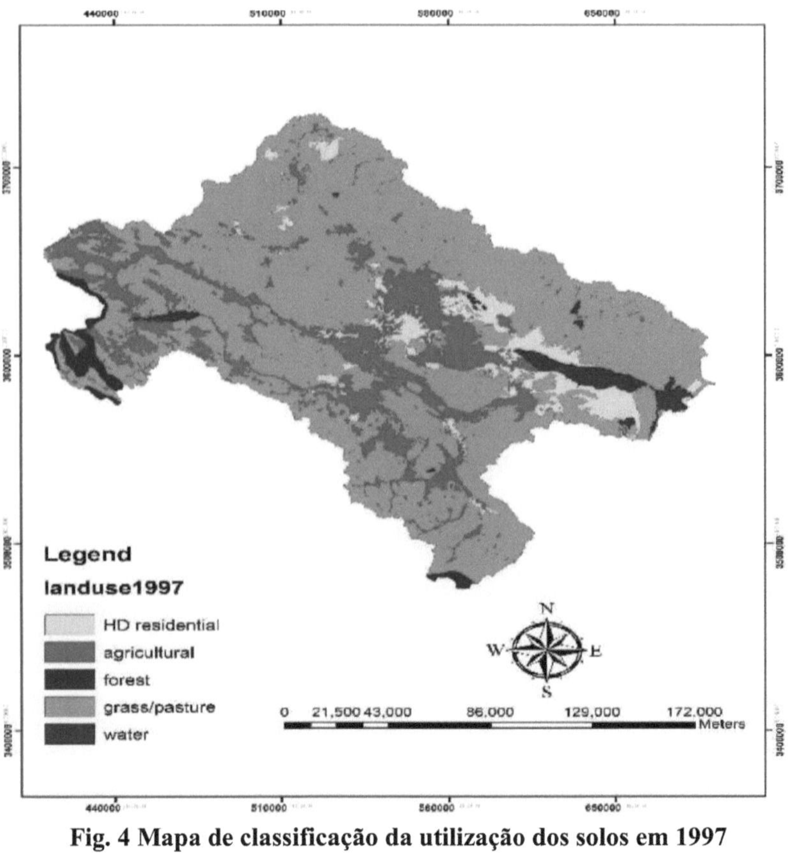

Fig. 4 Mapa de classificação da utilização dos solos em 1997

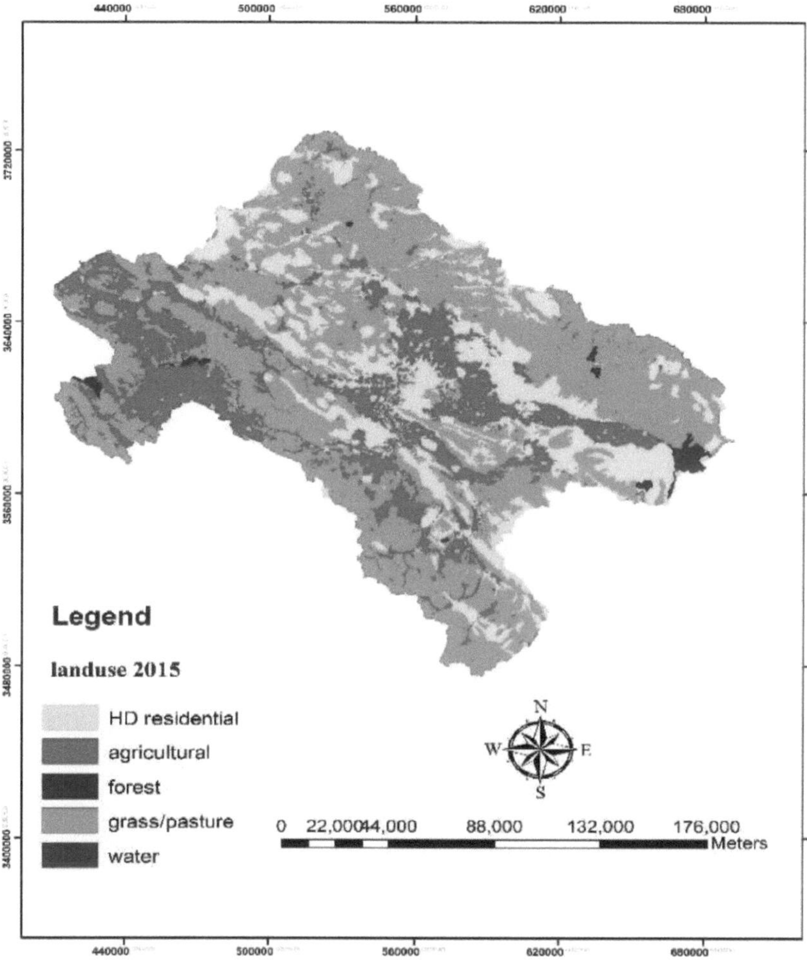

Fig. 5 Mapa de uso do solo classificado em 2015

6.2. Preparação do mapa do solo

6.2.1. Grupos hidrológicos de solos

O solo no modelo L-THIA é classificado em quatro grupos hidrológicos, incluindo A, B, C e D, com base na probabilidade potencial de produção de escoamento superficial. Esta classificação é a do Serviço de Conservação do

Solo dos Estados Unidos, baseada no movimento da água no solo e nas propriedades de permeabilidade à água (USDA 2007). O grupo A é constituído por solos de grão grosso, arenosos e com boa drenagem que têm a taxa de penetração mais elevada e o potencial de escoamento mais baixo. Os solos do grupo D são solos argilosos pesados com má drenagem, com a taxa de penetração mais baixa e o potencial de escoamento mais elevado. Os grupos de solos C e B situam-se entre os grupos A e D. A classificação pormenorizada dos quatro grupos é apresentada no Quadro 3 e o seu mapa é mostrado na Figura 6. Para determinar o grupo hidrológico do solo, utilizou-se a "aptidão para o uso do solo" e o "tipo de uso do solo". Para preparar o mapa hidrológico do solo, utilizando os mapas de declive, topografia e imagens de satélite, foi produzido um mapa do terreno com um declive muito baixo. Em seguida, os mapas de declive baixo foram sobrepostos com mapas geológicos e os grupos de solos hidrológicos e de uso do solo foram determinados de acordo com a distribuição da textura do solo e o mapa geomorfológico.

Tabela 3. Grupos hidrológicos do solo

Soil Group	Description	USDA Soil Texture
A	Deep soils with high permeability rate	Sand, loamy sand, or sandy loam
B	Relatively fine to relatively coarse-textured soils with moderate permeability	Silt loam or loam
C	Fine textured soils with low permeability rate	Sandy clay loam
D	Soils with very low transfer and permeability rates	Clay loam, silt clay loam, sandy clay, silt clay, or clay

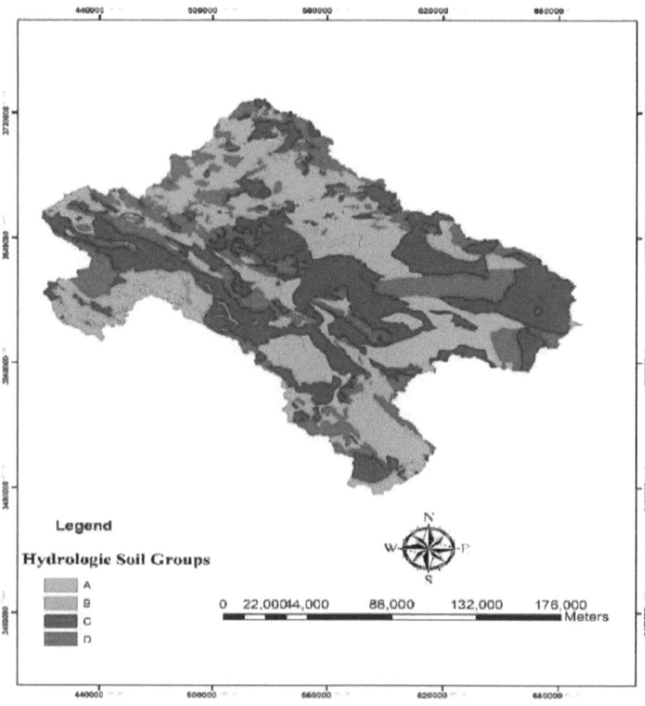

Fig. 6 Mapa dos grupos hidrológicos do solo

6.3. Preparação dos dados pluviométricos

6.3.1. Dados climáticos

O modelo hidrológico L-THIA necessita de dados de precipitação diária durante 30 anos para a avaliação do impacto a longo prazo. Neste modelo, os dados de precipitação são utilizados como um ficheiro de texto com o formato "txt". Para a preparação deste ficheiro, os dados foram convertidos para um formato aceitável no software Excel. Finalmente, com os dados de uso do solo, solo e precipitação, o L-THIA realizado e os mapas de volume e profundidade do escoamento superficial anual foram extraídos no SIG. Os mapas de precipitação anual de 1997 a 2015 são apresentados nas figuras 7 a 9.

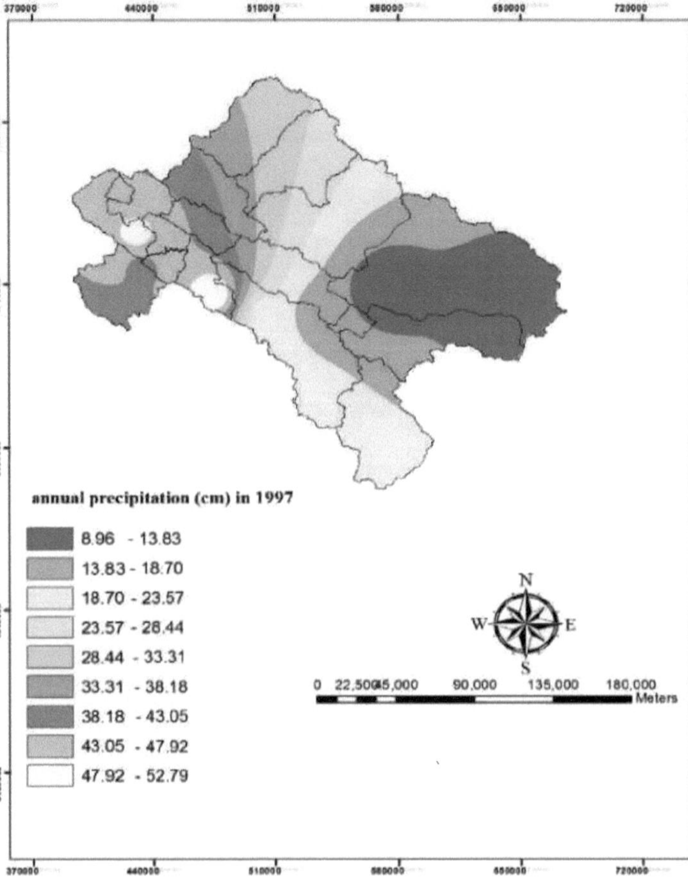

Fig. 7 Precipitação anual em 1997

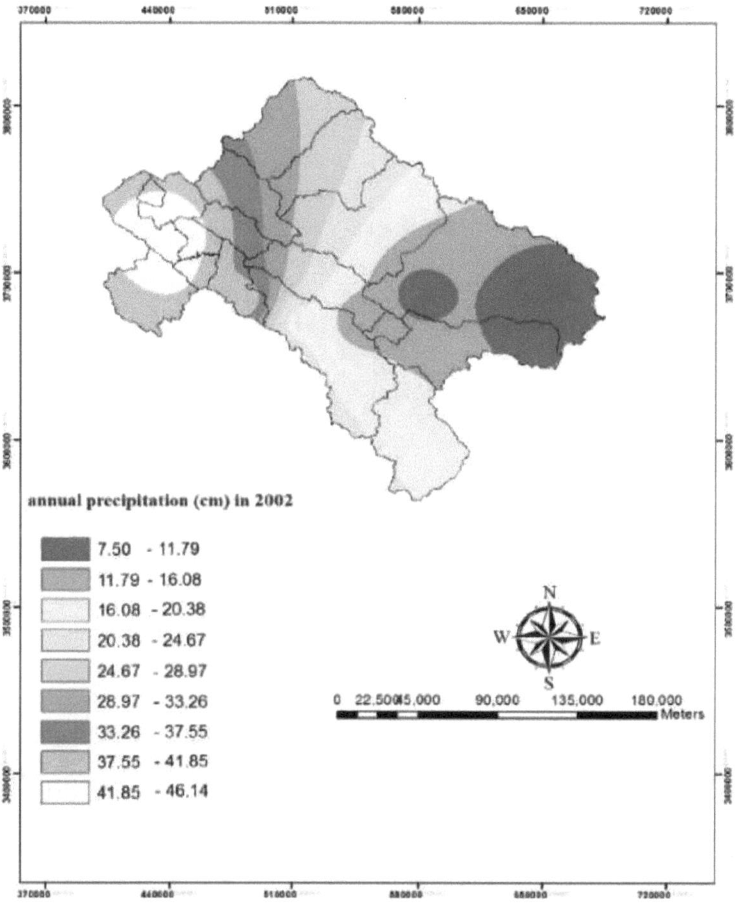

Fig. 8 Precipitação anual em 2002

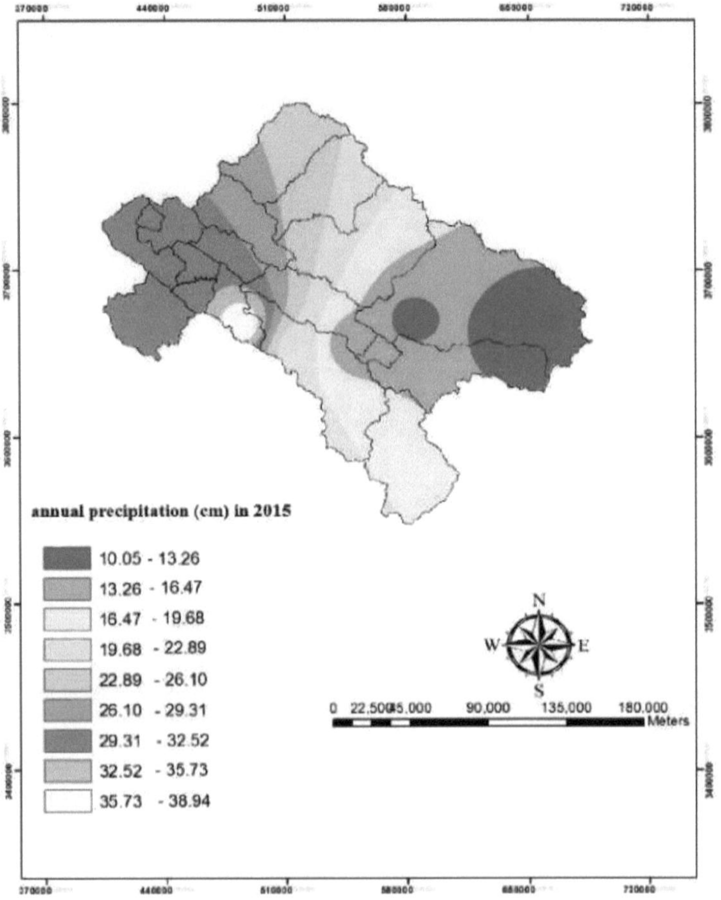

Fig. 9 Precipitação anual em 2015

Alteração da utilização dos solos da bacia de Zayandehrud ao longo do tempo

As alterações de utilização do solo ao longo de 18 anos (de 1997 a 2015) são apresentadas no quadro 4.

Tabela 3. Área dos diferentes usos do solo durante os anos estudados

Land use	1997-Area (km^2)	2015-Area (km^2)
HD residential (urban and bare lands)	3679.8	8574.05
Agricultural lands	7602.8	8636.8
Range lands	26041.8	21285.5
Forest	1499.8	930.54
Water	2675.8	2073.11

De acordo com a tabela 4, as áreas residenciais aumentaram de 3679,8 km2 para 8574,05 km2 e também as terras agrícolas aumentaram de 7602,8 km2 para 8636,8 km2 durante 18 anos e a quantidade de terras de campo diminuiu de 26041,8 km2 para 21285,5 km2. Também a floresta e a água diminuíram 569,26 e 602,69 km2, respetivamente.

7. Implementação do modelo

O modelo L-THIA foi executado para os anos de 1997 e 2015, utilizando mapas de utilização dos solos, mapas hidrológicos de grupos de solos e dados de precipitação de 30 anos. 30 anos de dados de precipitação obtidos da autoridade regional de água de Isfahan. Para preparar os mapas de profundidade e de volume do escoamento superficial anual, é necessário preparar primeiro o mapa CN, o que foi feito utilizando mapas de utilização dos solos e de grupos hidrológicos de solos para cada ano separadamente. Após a preparação do mapa CN, a profundidade e o volume do escoamento superficial anual foram preparados utilizando o L-THIA. As Figuras 10, 11, 12 e 13 mostram a profundidade e o volume do escoamento superficial anual em 1997 e 2015, respetivamente. As Figuras 14 e 15 mostram o mapa de poluição de fontes não pontuais em 1997 e 2015. A Tabela 4 mostra os resultados da investigação do volume de escoamento superficial. Os resultados do modelo L-THIA mostraram que a profundidade e o volume do escoamento anual aumentaram ao longo do tempo no período estudado.

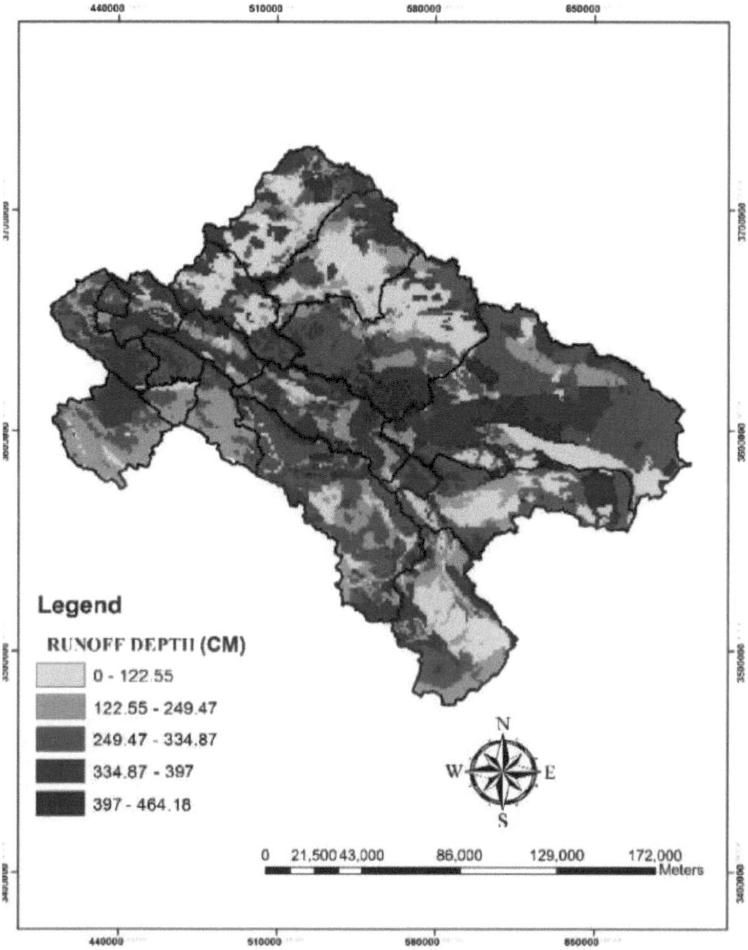

Fig. 10 Mapa da profundidade do escoamento superficial em 1997

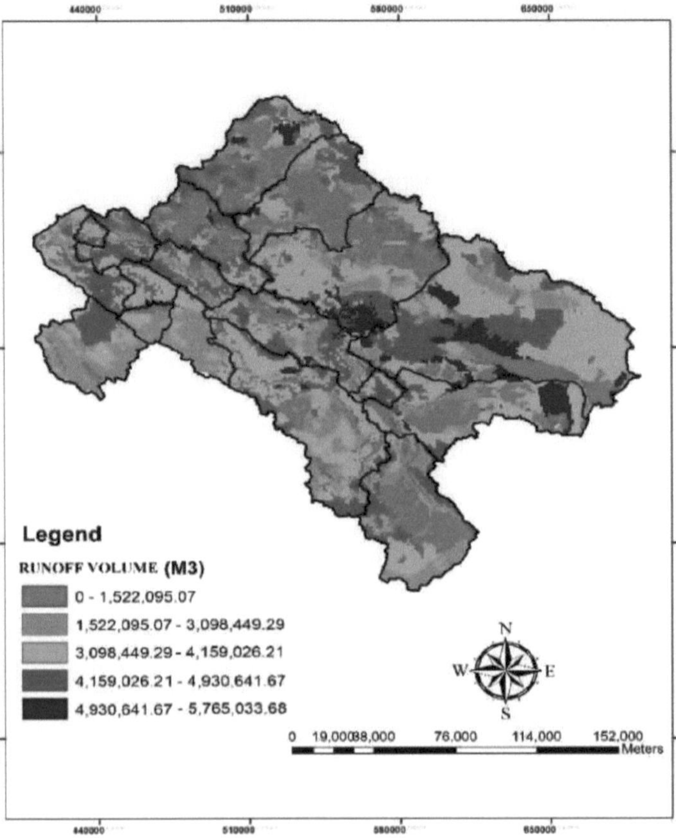

Fig. 11 Mapa do volume de escoamento superficial em 1997

Tabela 4. Resultados do volume anual de escoamento superficial para os anos estudados

The total amount of runoff volume (m^3)	Years of study
5765033.68	1997
8894524.64	2015

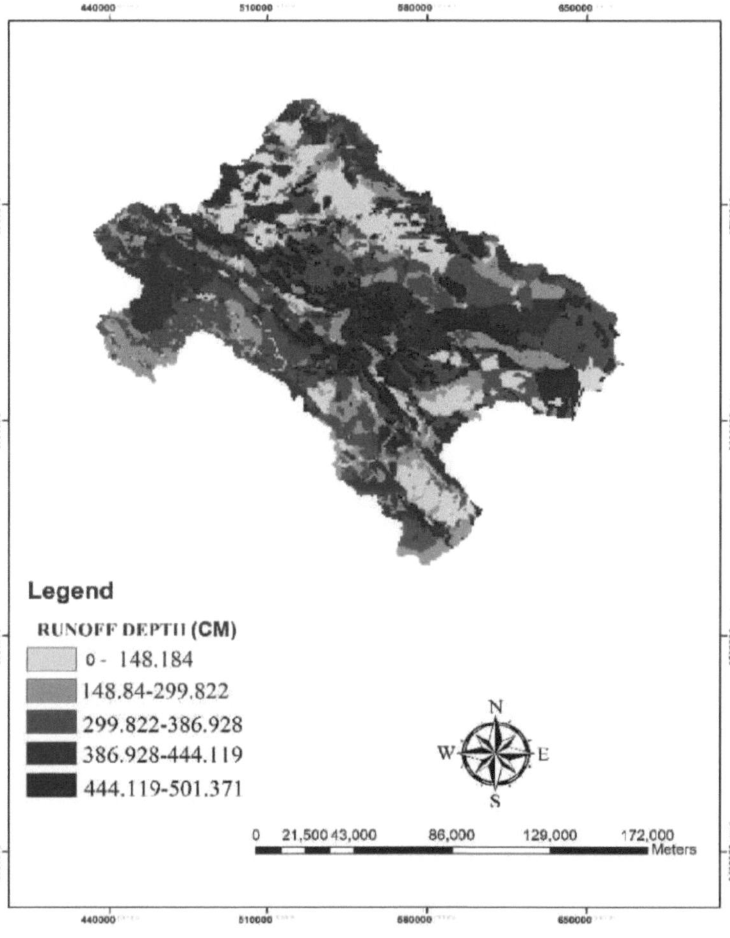

Fig. 12 Mapa da profundidade do escoamento superficial em 2015

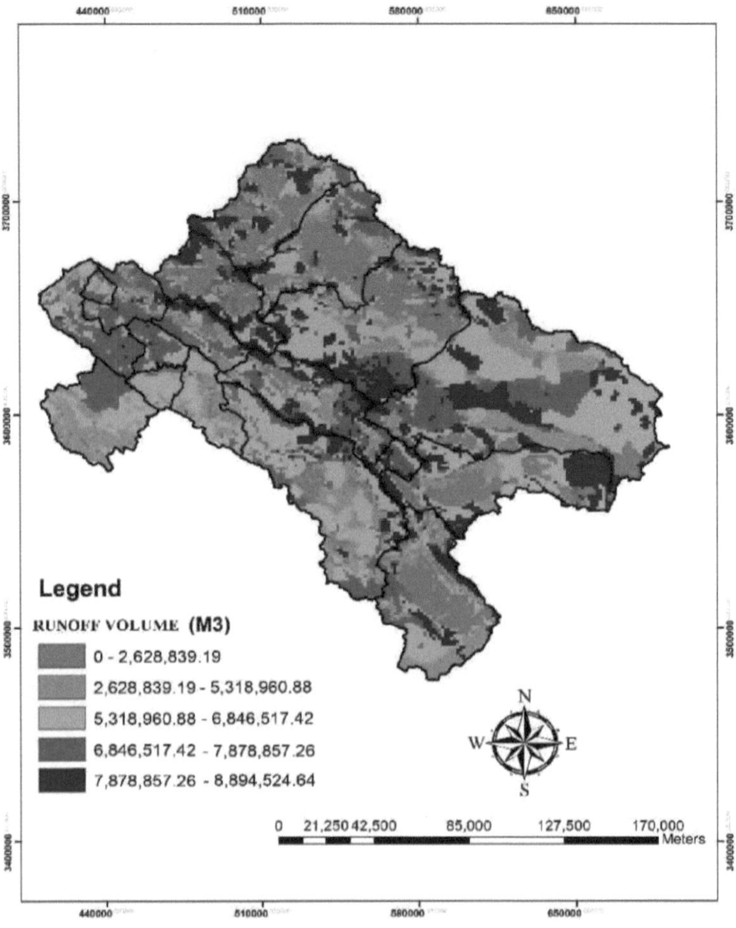

Fig. 13 Mapa do volume de escoamento superficial em 2015

Os resultados mostram um aumento da profundidade total e do volume do escoamento superficial no período estudado. Esta questão confirmou os efeitos das alterações do uso do solo no escoamento superficial na área de estudo. Os resultados deste estudo mostraram que se verificou uma alteração (ao longo de 18 anos) de 75,40 metros cúbicos de água de escoamento por quilómetro quadrado. Na bacia hidrográfica de Zayandehrud, os terrenos residenciais aumentaram 4894,25 km2 ao longo de 18 anos, o que se traduziu na expansão das zonas impermeáveis e no aumento do escoamento superficial. Além disso, as pastagens na bacia hidrográfica de Zayandehrud diminuíram 4756,3 km2 ao longo de 18 anos e, infelizmente, a maior parte destas terras foram convertidas em terras nuas. A expansão urbana provocou um aumento do volume e da profundidade do escoamento superficial e da poluição de origem não pontual. Consideramos que uma conceção adequada da utilização dos solos pode reduzir estes efeitos.

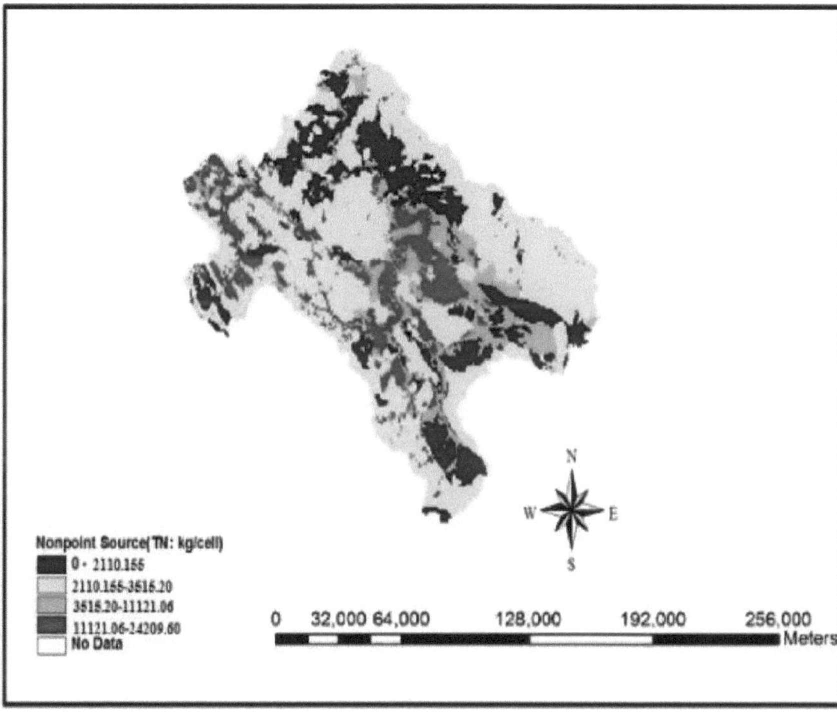

Fig. 14 Mapa de poluição de fontes não pontuais em 1997

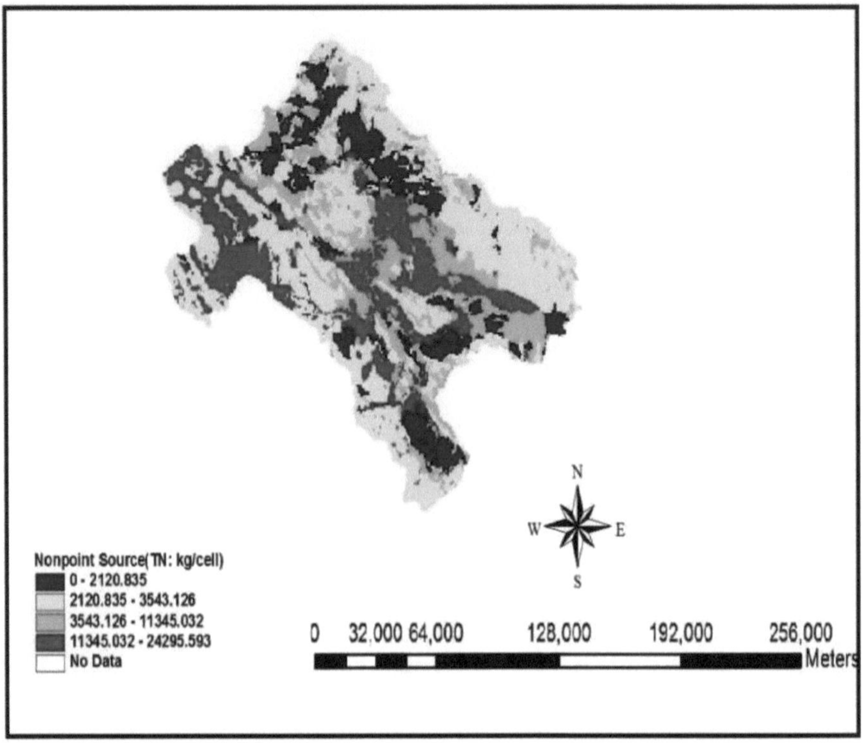

Fig. 15 Mapa de poluição de fontes não pontuais em 2015

A área vermelha nas figuras 14 e 15 mostra a área crítica em que a poluição de fontes não pontuais é muito elevada e nas áreas azuis a quantidade de poluição de fontes não pontuais é baixa, pelo que os planos de gestão devem ser implementados nas áreas em que a poluição de fontes não pontuais é elevada.

Distribuição espacial dos poluentes em 2015

O modelo L-THIA pode simular a distribuição espacial dos poluentes. A distribuição do cádmio total, crómio, cobre, chumbo, níquel, zinco, CBO e CQO é apresentada nas figuras 16-23.

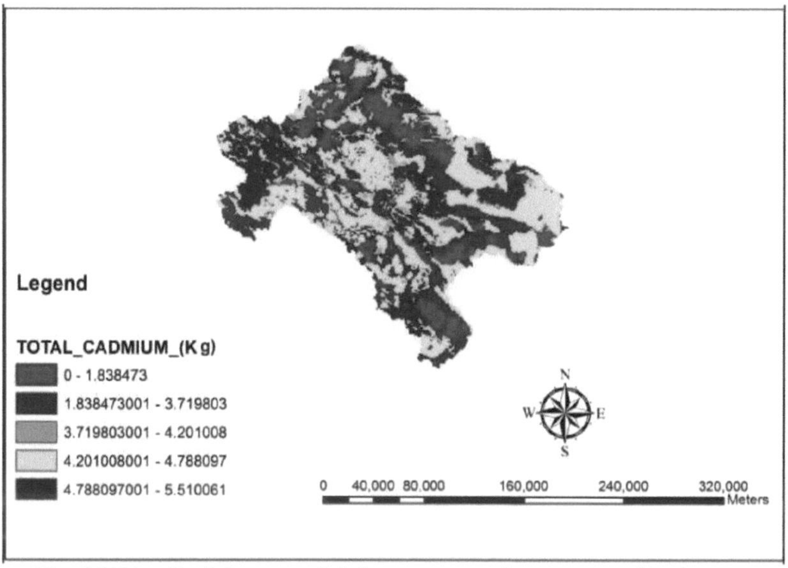

Fig. 16 Distribuição espacial das cargas poluentes de cádmio total

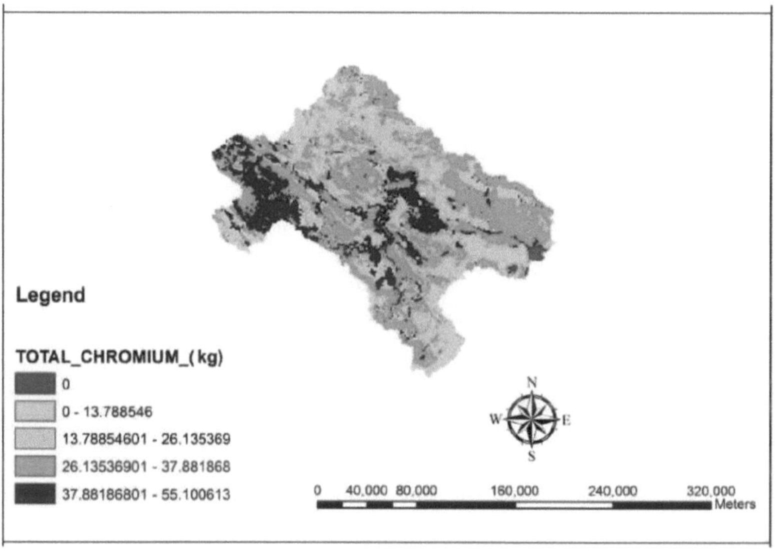

Fig. 17 Distribuição espacial das cargas poluentes totais do coromium

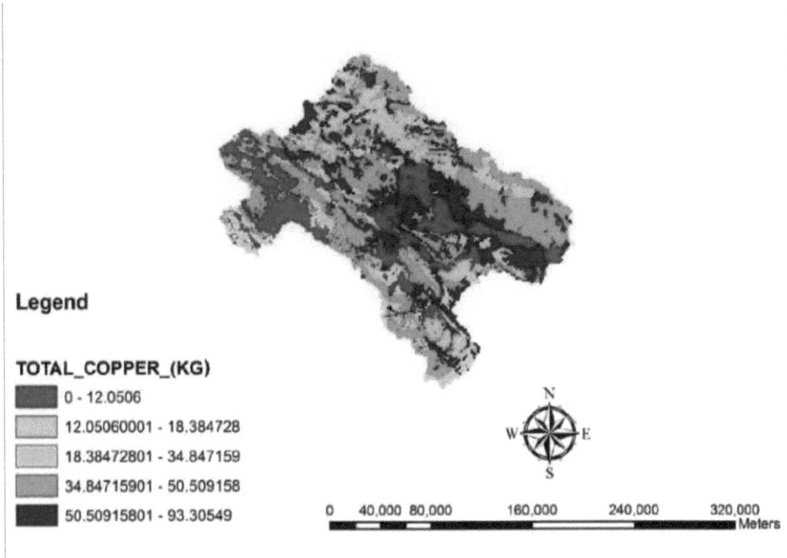

Fig. 18 Distribuição espacial das cargas poluentes totais de cobre

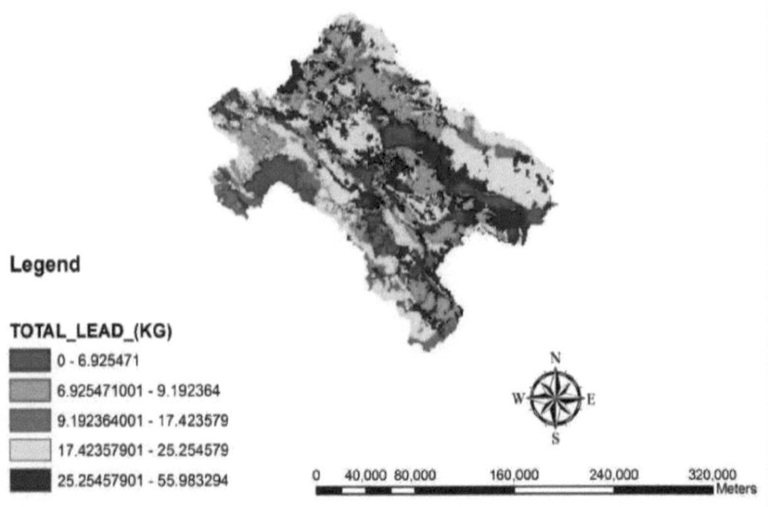

Fig. 19 Distribuição espacial das cargas poluentes totais de chumbo

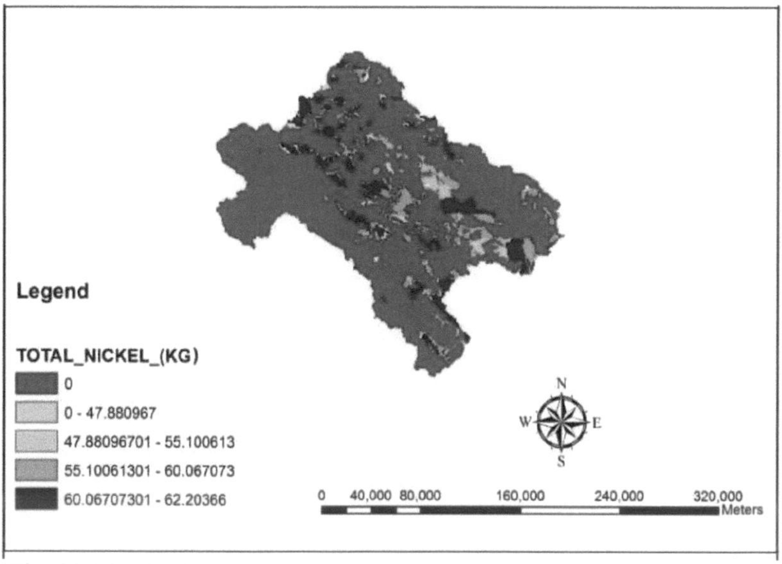

Fig. 20 Distribuição espacial das cargas poluentes totais de níquel

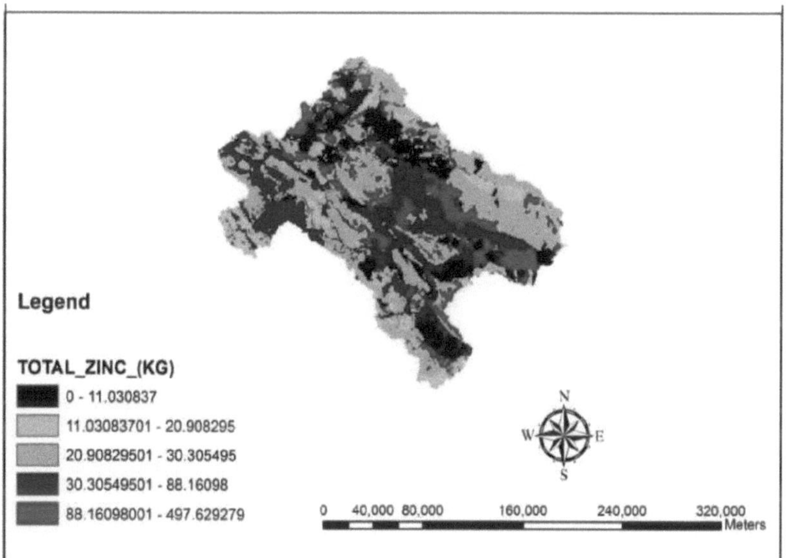

Fig. 21 Distribuição espacial das cargas poluentes de zinco total

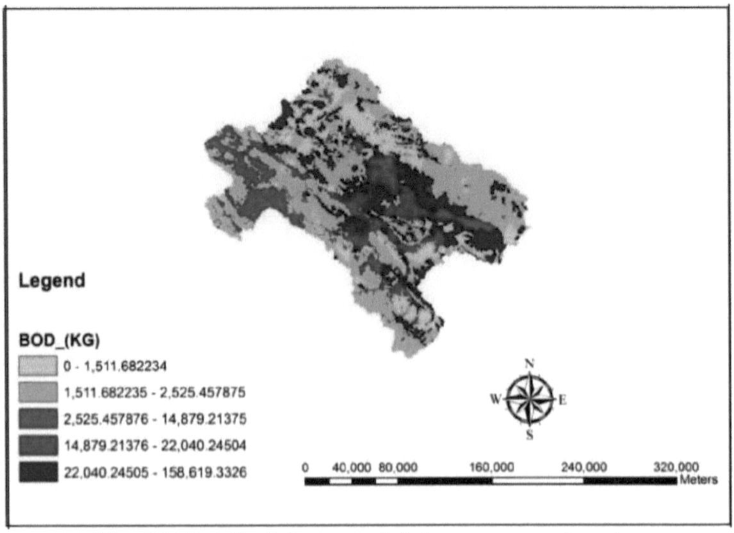

Fig. 22 Distribuição espacial das cargas poluentes

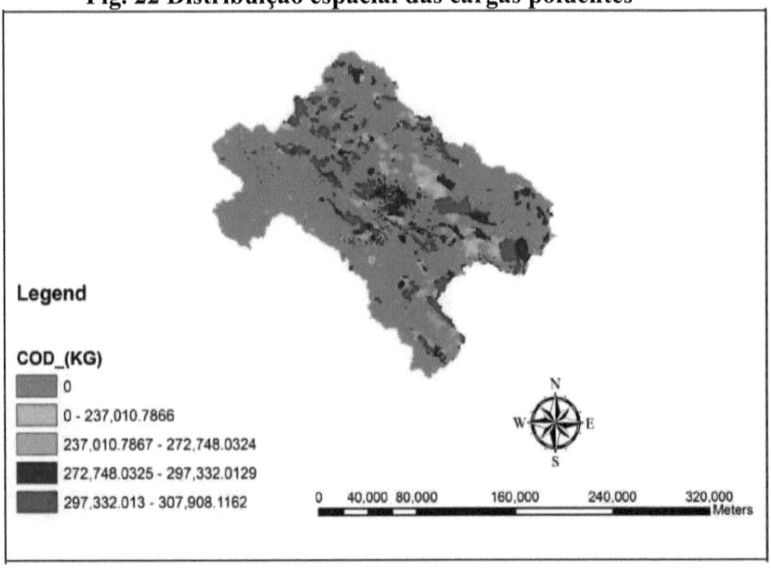

Fig. 23 Distribuição espacial das cargas poluentes

As utilizações do solo que apresentam as cargas poluentes máximas de zinco, chumbo, cobre, níquel, CBO e CQO são as zonas residenciais. Verificámos que as cargas poluentes NPS dos terrenos agrícolas são geralmente mais elevadas do que as de outras utilizações para o cádmio e o crómio. Globalmente, os terrenos residenciais e agrícolas de alta densidade têm a maior influência na poluição de origem não pontual. Verifica-se que o modelo L-THIA é uma ferramenta útil para identificar zonas ambientalmente sensíveis no que respeita ao potencial de poluição de origem não pontual e para avaliar cenários de alteração da utilização dos solos para a gestão desta poluição. Os resultados mostraram que a expansão urbana provocou um aumento do volume e da profundidade do escoamento superficial e da poluição de origem não pontual.

Apesar de o rio Zayandehrud ser considerado o rio mais importante do planalto central do Irão, infelizmente, até à data, este rio não foi objeto de proteção oficial.

Dada a situação crítica da bacia hidrográfica de Zayandehroud, devem ser lançadas várias iniciativas para a revitalizar. Com base nesta investigação, há requisitos para a implementação adequada de programas de controlo das alterações da utilização dos solos para manter o equilíbrio ecológico. Uma conceção física exacta da utilização dos solos pode diminuir os impactos das alterações da utilização dos solos, incluindo os efeitos hidrológicos. Também é possível utilizar os resultados para dar prioridade às sub-bacias e à implementação da gestão das bacias hidrográficas em sectores vulneráveis. Além disso, é necessário substituir as culturas que necessitam de mais água por culturas que necessitam de menos água. A cooperação e o empenhamento dos residentes e dos agricultores desta bacia são igualmente importantes.

Referências

- Ahmadi, R. (1995). The role of land use inducing or increasing forest mass movements. Tese de mestrado, Faculdade de Ciências Humanas, Universidade Tarbiat Modarres, 124 páginas.

- Barkhordari, J., & Khosroshahi, M. (2007). Investigação dos impactos das alterações da ocupação do solo e do clima no caudal dos rios (estudo de caso: bacia do Minab). Journal of Research and development on natural resources, 77, 191-199.

- Bhadori, B., Harbor, J., Engel, B., & Grove, M. (2000). Avaliação dos impactos hidrológicos a longo prazo e à escala da bacia hidrográfica da alteração do uso do solo - um modelo SIG-NPS. Environmental Management, 26, 643-658.

- Chin D.A. 2006. Water quality engineering in natural systems (Engenharia da qualidade da água em sistemas naturais). John Wiley & Sons, Inc. 610 pp.

- Enrique, S., Colmenarejo, M. F., Vicente, J., Rubio, A., Garcia, M. G., Travieso, L., & Borja, R. (2007). Utilização do índice de qualidade da água e do défice de oxigénio dissolvido como indicadores simples da poluição de bacias hidrográficas. Indicadores Ecológicos, 7(2), 315-328.

- Engle, B. A., Choi, J. Y., Harbor, J., & Pandey, S. (2003). Webbased DSS for hydrologic impact evaluation of small watershed land use changes. Computadores e Eletrónica na Agricultura, 39, 241249.

- -Ficklin, D.L., Luo, Y.Z., Luedeling, E., Gatzke, S.E., Zhang, M.H., (2010). Sensibilidade das cargas de escoamento agrícola ao aumento dos níveis de CO2 e às alterações climáticas na bacia hidrográfica do Vale de

San Joaquin, na Califórnia. Environ. Pollut. 158, 223-234.

- Galdavi, S., Mohammadzadeh, M., Salman mahini, A., & Najafipour, A. (2012). Aplicação do modelo L- THIA na avaliação dos impactos da alteração do uso do solo nos recursos hídricos. Ambiente e Desenvolvimento, 3(6), 35-46.

Guo, W., Fu, Y., Ruan, B., Ge, H., e Zhao, N. (2014). Poluição agrícola de fonte não pontual na bacia do rio Yongding, Indicadores Ecológicos 36: 254- 261

- Kashefipour, S., Tavakolizadeh, A. (2008). Modelo hidrodinâmico e qualitativo (FASTER) e sua aplicação na engenharia fluvial. Investigação sobre recursos hídricos no Irão, 3(3), 56-68.
- Khakpour, B., Velayati, S., & Kiannejad, G. H. (2007). Pattern of land use change in Babol city, Iran. Journal of Geography and regional development, 18, 46-64.
- Khalighi, S. H.,Mahdavi,M.,& Saghafiyan, B. (2005). The effect of land use changes on flooding by using NRCS model (case study: Barandooz Chay basin in Azarbayejan, Iran). Jornal Iraniano de Recursos Naturais, 58(10), 733-742.
- Li, N., Xu, Y. P., & Guo, H. C. (2007). Análise do impacto a longo prazo da urbanização no escoamento superficial na bacia do rio Xitiaoxi. Arquivos de informática ambiental, 5, 346-353.
- Liang, T., Hao, W., Hsiang-te, K., & Chao-sheng, Z. (2004). Efeitos da utilização do solo agrícola nas perdas de nutrientes na bacia hidrográfica de Tiaoxi Ocidental, China. Journal of the American Water Resources Association (JAWRA), 40(6), 1499-1510.
- Lillesand, T. M., & Ralph, W. K. (2000). Remote sensing and image

interpretation (4ª ed.). Nova Iorque: Wiley ISBN 0 - 471 - 25515 - 7.

- Loague K, Corwin DL. Point and nonpoint source pollution. Enciclopédia de Ciências Hidrológicas 2005; 3: 1427-1439.

- Luo, Y.Z., Zhang, X.Y., Liu, X.M., Ficklin, D., Zhanga, M.H., (2008). Modelação dinâmica da carga de pesticidas organofosforados em águas superficiais na bacia hidrográfica do norte do Vale de San Joaquin, na Califórnia. Environ. Pollut. 156, 1171-1181.

- Mirzaei, M. (2013). Modelação empírica da relação entre os parâmetros de qualidade das águas superficiais e as medidas da paisagem utilizando o sistema de inferência neuro-fuzzy adaptativo (estudo de caso: província de Mazandaran), tese de mestrado, Universidade Tarbiat Modarres, Faculdade de Recursos Naturais, 115 p.

- Morovatdoost M, Haeripoor S, Amirnejad R. Estudo da qualidade da água do rio Sefidroud em Roudbar. J Wetland Ecobiol 2014; 7(3):33-42. (Texto integral em persa).

- Naghdi A e Alipoorardi M. 2012. Introduzindo a aplicação de GIS para modelar a poluição de fontes agrícolas não pontuais, Conferência de Planeamento e Gestão Ambiental, Universidade de Teerão. (Texto integral em persa).

- Nikolaidis, N.P., Heng, H., Semagin, R., Clausen, J .C., (1998). Non-Linear Response of a Mixed Land Use Watershed to Nitrogen Loading (Resposta não linear de uma bacia hidrográfica de uso misto do solo à carga de azoto). Elsevier Science BV, Arona, Itália251-265.

- Noshadi M, SalemiM e Ahmadzadeh M. 2007. Simulation and prediction of river water quality parameters using artificial neural networks, journal of water and wastewater, Issue 64, pp. 49-65. (Texto integral em

persa).
- Oluseyi, O. F. (2006). Análise da alteração do uso do solo urbano de uma cidade tradicional a partir de dados de deteção remota: o caso da área metropolitana de Ibadan, Nigéria. Revista de ciências humanas e sociais, 1, 42-61.
- Parmorad M., Ghaderi R. 2014. Familiaridade com uma variedade de poluentes nos recursos hídricos e seus efeitos, a primeira Conferência Nacional sobre o Meio Ambiente, PNU Dehaghan, Esfahan.
- Rasi Nezami S, Nazariha M, Baghvand A, Moridi A. Qualidade da água do rio Karkheh utilizando análise estatística multivariada e variações de dados qualitativos. Journal of Health Sys Res 2012;8(7): 1280-1292. (Texto integral em persa).
- Riki, M. (2000). Avaliação da qualidade das águas subterrâneas na planície de Khash. Tese de mestrado no domínio das águas subterrâneas, Departamento de Engenharia de Irrigação. Faculdade de Recursos Naturais, Universidade de Teerão.
- Scanlon, B., Reedy, R., Tonestromw, D., Prudicz, D., & Dennehy, K. (2005). Impacto da alteração do uso e ocupação do solo na recarga e qualidade das águas subterrâneas no sudoeste dos EUA. Global Change Biology, 11, 1577-1593.
- Shi, P. J., Yuan, Y., Zhang, J., &Wang, J. A. (2007). The effect of land use/cover change on surface runoff in Shenzen region, China. Catena, 69, 3135.
- Tang, Z., Engel, B. A., Lim, K. J., Pijianowski, B. C., & Harbor, J. (2005a).Minimizando o impacto da urbanização no escoamento a longo prazo. Journal of the American Water Resources Association, 41,

13471359.

- Tang, Z., Engel, B. A., Pijianowski, B. C., & Lim, K . J. (2005b). Forecasting land use change and its environmental impact at a watershed scale. Journal of Environmental Management, 76, 35-45.

- Vito, F. U., Raffaele, G., & Nicola, L. (2003). Um sistema de apoio à decisão baseado no conhecimento difuso para a avaliação do risco de poluição das águas subterrâneas. Environmental Management, 73(3), 197-189.

- Vorosmarty, C. J., Lévêque, C., Revenga, C., Bros, R., & Caudill, C. (2005). Em R. Bos, C. Caudill, J. Chilton, E. M. Douglas, M. Meybeck, D. Prager, P. Balvanera, S. Barker,M. Maas, C. Nilsson, T. Oki, & A. Reidy (Eds.), Fresh water in millennium assessment. Volume 1: relatório do grupo de trabalho sobre condições e tendências (pp. 165-207). Washington: Island Press.

- Weng, Q. (2001). Modelação dos efeitos do crescimento urbano no escoamento superficial com a integração da deteção remota e do SIG. Environmental Management, 28, 737-748.

- -Ying, Zhao. (2007). Previsão da qualidade da água através da aplicação da rede neural BP na albufeira de Yuqiao. Jornal da Ciência da Universidade de Zhejiang. 8(9):1482-1487.

- Zare Garizi A, Sadoddin A, Sheikh VB, Salman Mahini A. Análise de tendências a longo prazo das variáveis de qualidade da água para o rio Chehelchay (província de Golestan). Iran Water Res J 2012; 6(10):155-165. (Texto completo em persa).

- Mohajeri S.H., Horlemann L. Wendt-Schwarzburg H. e Reyhani M.N. 2015. Gestão Integrada dos Recursos Hídricos Zayandeh Rud, Cooperação

Germano-Iraniana em Investigação e Desenvolvimento para um Futuro Melhor. Instituto Inter 3 de Gestão de Recursos GmbH. Alemanha, Berlim: 66pp.

- Bertrand-Krajewski, J. L., Chebbo, G., Saget, A. (1998). Distribuição da massa de poluentes versus volume nas descargas de águas pluviais e o fenómeno da primeira descarga. Journal of Water Resources, 32(8), 2341-56.
- Bhadori, B., Harbor, J., Engel, B., Grove, M. (2000). Avaliação dos impactos hidrológicos a longo prazo e à escala da bacia hidrográfica da alteração do uso do solo - um modelo GIS-NPS. Gestão ambiental, 26, 643-658.
- Galdavi, S., Mohammadzadeh, M., Salman mahini, A., Najafipour, A. (2012). Aplicação do modelo L-THIA na avaliação dos impactos da alteração do uso do solo nos recursos hídricos. Ambiente e Desenvolvimento, 3(6), 35-46.
- Lim, K. J. Engel, B. A., Kim, Y., Bhadori, B., Harbor, J. (2001). Desenvolvimento dos sistemas WWW de avaliação do impacte hidrológico a longo prazo (LTHIA). Este artigo foi revisto por pares quanto ao seu conteúdo científico. Páginas 1018-1023. In: D. e. Stott,

R .H. Mohtar e G.C. Steinhardt (eds). Reunião da organização de conservação realizada em 24-29 de maio de 1999 na Universidade de Purdue e no laboratório nacional de investigação sobre a erosão do solo do USDA-ARS.
- Salman Mahiny, A., Hosseinnia, A., Ghasempoori,

S .M., Tavasoli, A. (2012). Avaliação do impacto hidrológico a longo prazo da alteração do uso do solo no escoamento superficial anual à escala da bacia hidrográfica. Revista de Geografia e Desenvolvimento, 10, 33-36.

- Ma, Y. (2004). L-THIA: Um modelo útil de avaliação do impacte hidrológico. Revista Natureza e Ciências, 2, 68-73.
- Departamento de Agricultura dos EUA, Serviço de Conservação dos Recursos Naturais, (2007). National Soil Survey Handbook, título 430-VI, disponível em linha: http://soils.usda.gov/technical/handbook/
- Hara, Y., Takeuchi, K., Okubo, S. (2004). Urbanização ligada a padrões passados de utilização de terrenos agrícolas na orla urbana de uma mega-cidade deltaica asiática: um estudo de caso em Banguecoque. Paisagem e Planeamento Urbano, 73(1), 16-28.
- He, H., Zhou, J., Wu, Y., Zhang, W., Xie, X. (2008). Modelação da resposta da qualidade das águas superficiais à urbanização em Xian, China. Jornal de Gestão Ambiental, 86, 731-749.
- Salemi H. Morayrast H. 2004. Imagem hidrológica generalizada da bacia hidrográfica de Zayandehrood. Water and Wastewater Journal, n.º 50, pp. 2-13 (em persa).
- Khatoon abadi A. 2007. Some aspects of sustainable development to action, publicação do Jahad da Universidade de Tecnologia de Isfahan (em persa).
- Ababaei B., Sohrabi T. 2009. Evaluation of the Performance of the SWAT Model in Zayandehrud Basin, Journal of Water and Soil Conservation Studies, Vol. 16, No. 3, pp. 41-58 (em persa).
- Carpenter SR, Caraco NF, Correll DL, Howarth RW, Sharpley AN, Smith VH. Nonpoint Pollution of Surface Waters with Phosphorus and Nitrogen. Journal of Ecological Applications 1998; 8:559568.

Mattikalli NM, Richards KS. Estimation of Surface Water Quality Changes in Response to Land Use Change: Application of the Export Coefficient Model Using Remote Sensing and Geographical Information System. J Environ Manage 1996; 48(3):268-282.

FSC
www.fsc.org
MIX
Papier aus verantwortungsvollen Quellen
Paper from responsible sources
FSC® C105338

Printed by Books on Demand GmbH, Norderstedt / Germany